BEI GRIN MACHT SICH IHR WISSEN BEZAHLT

AF136298

- Wir veröffentlichen Ihre Hausarbeit, Bachelor- und Masterarbeit

- Ihr eigenes eBook und Buch - weltweit in allen wichtigen Shops

- Verdienen Sie an jedem Verkauf

Jetzt bei www.GRIN.com hochladen und kostenlos publizieren

GRIN ☺

Bibliografische Information der Deutschen Nationalbibliothek:

Die Deutsche Bibliothek verzeichnet diese Publikation in der Deutschen National-
bibliografie; detaillierte bibliografische Daten sind im Internet über http://dnb.d-
nb.de/ abrufbar.

Impressum:

Copyright © 2018 GRIN Verlag
Druck und Bindung: Books on Demand GmbH, Norderstedt Germany
ISBN: 9783346021410

Dieses Buch bei GRIN:

https://www.grin.com/document/499810

Anonym

Aus der Reihe: e-fellows.net stipendiaten-wissen

e-fellows.net (Hrsg.)

Band 3249

Komplexe mit QuinSO3H

GRIN Verlag

Universität zu Köln

Mathematisch-Naturwissenschaftliche Fakultät

Department Chemie

Komplexe mit QuinSO$_3$H

Inhaltsverzeichnis

1 Einleitung und Kenntnisstand

Palladium, Platin und Silber sind schmiedbare und korrosionsbeständige Edelmetalle, die silbrig glänzen. Die edle Eigenschaft dieser drei Metalle, d.h. das Normalpotential gegenüber dem von Wasserstoff, steigt von Silber über Palladium zu Platin. Letzteres ist beständiger als Palladium, denn nach längerer Zeit in der Luft wird Palladium leicht gelblich. Silber besitzt ein sehr hohes Reflexionsvermögen für sichtbares Licht, wodurch der strahlend helle Metallglanz zustande kommt. Zudem besitzt es die beste elektrische und thermische Leitfähigkeit aller Metalle.[1] Als Übergangsmetalle befinden sich Palladium und Platin in der 10. Gruppe der Nebengruppenelemente. Silber befindet sich in der 11. Gruppe der Nebengruppenelemente mit Kupfer und Gold. Palladium besitzt die Elektronenkonfiguration [Kr]4d^{10} und bevorzugt in Komplexverbindungen die Oxidationsstufe +II. Platin besitzt die Elektronen-konfiguration [Xe]4f^{14}5d^{9}6s^1. Die 5d-Orbitale sind nicht vollbesetzt. Diese Besonderheit kommt durch die Absenkung des 6s-Orbitals gegenüber dem 5d-Orbital zustande. Platin bildet gerne Komplexe mit der Oxidationsstufe +II oder +IV. Silber besitzt die Elektronenkonfiguration [Kr]4d^{10}5s^1 und kann Komplexe mit der Oxidationsstufe +I, +II, +III und +IV bilden, wobei die erstere stabiler ist und dabei die Koordinationszahl 2 mit linearer Anordnung der Liganden vorherrscht.[2] Exemplarisch wird die Aufspaltung und Besetzung der d-Orbitale von Platin-Komplexen mit der Oxidationsstufe +II (hier [PtCl$_4$]$^{2-}$) in Abbildung 1 gezeigt.

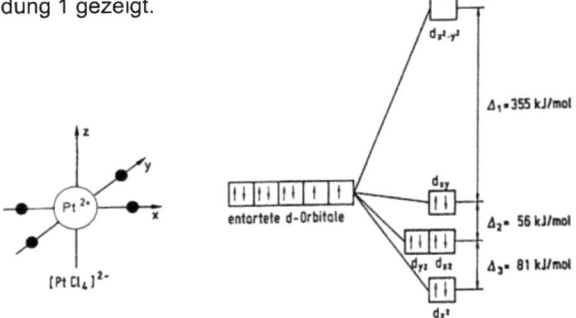

Abbildung 1: Aufspaltung und Besetzung der d-Orbitale im quadratisch-planaren Komplex [PtCl$_4$]$^{2-}$. Da Δ_1 größer ist als die aufzuwendende Spinpaarungsenergie, entsteht ein low-spin-Komplex mit großer LFSE (Ligandenfeldstabilisierungsenergie).[2]

Diese bilden einen quadratisch-planaren Koordinationspolyeder unabhängig von den Liganden. Dabei handelt es sich um einen diamagnetischen low-spin-Komplex mit d^8-Konfiguration und einer großen Ligandenfeldaufspaltung.[2]

Chinolin-8-sulfonsäure (QuinSO₃H) ist ein Feststoff, das aus einem Chinolin besteht, welches in Position 8 eine Sulfonsäuregruppe trägt. Somit handelt es sich um eine heterocyclische Verbindung. QuinSO₃H ist in Wasser und in Schwefelsäure löslich. Die Verbindung wurde von *G. E. McCasland* im Jahre 1948 synthetisiert[3], um als Zwischenprodukt für ein Antimalariamittel zu dienen. Die Herstellung des QuinSO₃H sollte über die Sulfonierung von Chinolin mit Oleum erfolgen. Allerdings schien nicht sicher, was passiert, wenn Chinolin mit konzentrierter oder rauchender Schwefelsäure erhitzt wird. Die Sulfonierung könnte je nach Bedingung (Druck, Temperatur, Konzentration) im Benzolring an Position 5, 6, 7 oder 8 erfolgen. Die Herausforderung bestand darin, die Isomeren zu unterscheiden, da ihre Schmelzpunkte bei über 300 °C liegen. So konnten sie weder identifiziert, noch konnte ihre Reinheit bestimmt werden. Somit war es besonders wichtig, eine Methode zu finden, um diese zu charakterisieren. Mehrere Literaturvorschriften gaben allerdings keine Auskunft über Ausbeute oder Identität des Produkt an. Durch mehrere Untersuchungen wurde festgestellt, dass die Sulfonierungsprodukte eine Mischung der 8- und 5-Isomeren waren, die allerdings nicht durch fraktionierte Kristallisation aus Wasser getrennt werden konnten. Tatsächlich ist das 8-Isomer viel weniger löslich als das 5- und 7-Isomer, sodass es wahrscheinlich leicht von ihnen durch einfache Umkristallisation getrennt werden kann. Es wurden Versuche durchgeführt, um die Reinheit des 8-Isomers zu identifizieren und zu erhöhen. Tatsächlich konnte auf diese Weise die Reinsubstanz erhalten werden. Durch 4-stündiges Erhitzen auf 100 °C mit etwa vier Gewichtsteilen 20-30 % rauchender Schwefelsäure und anschließende Verdünnung in einem Vielfachen an Wasser konnte also das 8-Isomer erhalten werden.[3]

2

2 Motivation und Zielsetzung

Das Ziel dieser Arbeit war es, Chinolin-8-sulfonsäure als Liganden mit Platin, Palladium und Silber umzusetzen. Auskristallisierte Komplexe sollten mit Röntgendiffraktometrie untersucht werden, um diese vollständig zu identifizieren. Die Kristallstruktur kann so bestimmt werden und wichtige Informationen über die Anordnung der einzelnen Atome liefern.[1]

Der Ligand (Schema 1) kann über das freie Elektronenpaar des Stickstoffs koordinieren und würde eine Koordinationsstelle im Komplex einnehmen. Allerdings wird durch die Abgabe eines Protons an der Sulfonsäuregruppe eine negative Ladung am Sauerstoffatom erzeugt, sodass über die negative Ladung ebenfalls am Zentralatom koordiniert werden kann. Somit handelt es sich um einen zweizähnigen Chelatliganden, da dieser zwei Koordinationsstellen des Zentralatoms einnimmt.[1]

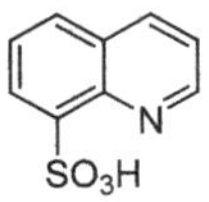

Schema 1: Struktur des Liganden QuinSO₃H.

Da die bevorzugten Oxidationsstufen der verwendeten Metalle bekannt sind (für Palladium +II, für Platin +II und +IV, für Silber +I, +II und +III) und der zweizähnige Chelatligand bei Abgabe eines Protons an der Sulfonsäuregruppe einfach negativ geladen ist, kann die Stöchiometrie eingestellt werden.

3 Ergebnisse und Diskussion

3.1 Synthese des Liganden $QuinSO_3H$

Der Ligand wurde für diese Arbeit von Dritten nach einer Vorschrift von *G. E. McCasland* synthetisiert.[3] Der Ligand wurde durch ^{1}H-NMR-Spektren charakterisiert und für weitere Versuche zur Verfügung gestellt. Chinolin wird zu rauchender Schwefelsäure gegeben, auf 90 °C erhitzt und für 40 Stunden gerührt (Schema 2). Anschließend wird die Lösung nach Abkühlen in Wasser gegeben. Dabei entstehen Kristalle, die abfiltriert werden.

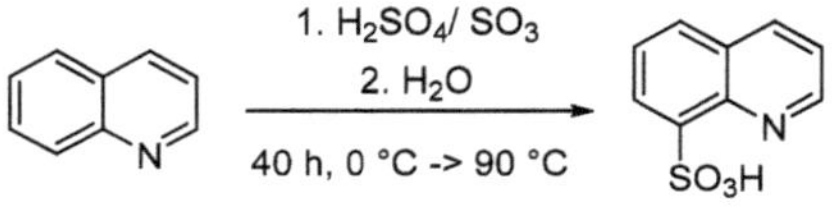

Chinolin QuinSO$_3$H

Schema 2: Allgemeine Synthese des verwendeten Liganden aus Chinolin und Oleum.[3]

3.2 Synthese des Palladium-Komplexes Pd($QuinSO_3$)Cl

Allgemein kann der Palladium-Komplex nach einer Vorschrift von *K. J. Akerman et al.* durch Umsetzung des $QuinSO_3H$ mit Palladium(II)chlorid (Schema 3) synthetisiert werden.[4] Da sich der Ligand jedoch kaum löste, wurde zusätzlich Kaliumcarbonat hinzugefügt, um die Reaktivität zu erhöhen. Durch die zugegebene Base wird die Sulfonsäuregruppe des Liganden deprotoniert.

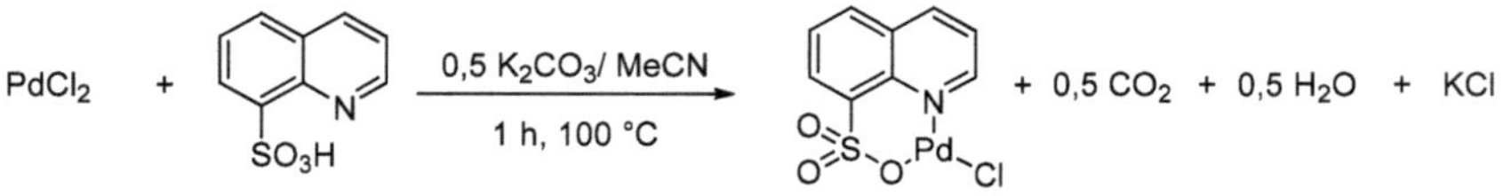

QuinSO$_3$H Acetonitril Pd(QuinSO$_3$)Cl

Schema 3: Synthese des hergestellten Palladium-Komplexes aus Palladium(II)chlorid und dem Liganden.

Das Produkt konnte in Dimethylsulfoxid gelöst werden. Aus dieser Lösung entstanden orangefarbene Kristalle, deren Kristallstruktur identifiziert wurde. Es wurde ein ^{1}H-NMR-Spektrum der Lösung aufgenommen.

3.3 Synthese des Platin-Komplexes Pt(QuinSO$_3$)$_2$

Die Synthese des Platin-Komplexes besteht aus zwei Schritten. Zunächst wurde das Metall in das benötigte Edukt umgewandelt und anschließend mit dem Liganden umgesetzt. Die Überführung erfolgte nach einer Literaturvorschrift von N. K. Allampally et al., allerdings durch Na$_2$PtCl$_4$ und nicht wie beschrieben durch K$_2$PtCl$_4$.[5] Dieses wurde mit Dimethylsulfoxid in Wasser gelöst und für 4 Stunden bei Raumtemperatur gerührt (Reaktionsgleichung 1).

$$\text{Na}_2\text{PtCl}_4 \; + \; 2\,\text{DMSO} \xrightarrow[\text{4 h, RT}]{\text{H}_2\text{O}} \text{Pt(DMSO)}_2\text{Cl}_2 \; + \; 2\,\text{NaCl}$$

Reaktionsgleichung 1: Synthese von Pt(DMSO)$_2$Cl$_2$.

Der zweite Schritt bestand aus der Umsetzung mit dem Liganden. Dies erfolgte in Anlehnung einer Literaturvorschrift von Q.-P. Qin et al., allerdings unter Rückfluss und ohne die Verwendung von flüssigem Stickstoff.[6] Die Platin-Vorstufe Pt(DMSO)$_2$Cl$_2$ wurde mit dem Liganden QuinSO$_3$H in einer Mischung aus Methanol, Acetonitril und Aceton (6:1:1) gelöst und unter Rückfluss über Nacht erhitzt (Schema 4).

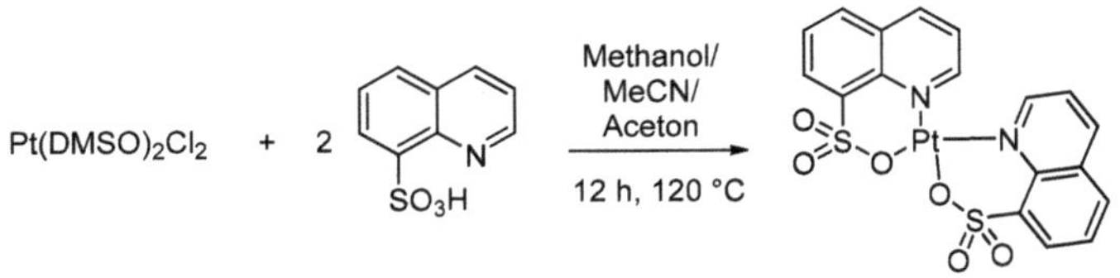

Schema 4: Synthese des Platin-Komplexes aus Pt(DMSO)$_2$Cl$_2$ und dem Liganden.[6]

Es wurden ^{1}H-NMR-Spektren des Rückstandes aufgenommen, allerdings waren keine Signale zu sehen, sodass davon ausgegangen wurde, dass der Ligand und die Vorstufe zersetzt worden sind. Zudem änderte der Rückstand seine Farbe von braun zu schwarz, während dem Erhitzen. Somit ist die Zersetzung vermutlich auf die hohe Temperatur zurückzuschließen. Im Rahmen der gegebenen Zeit konnte der Versuch nicht wiederholt werden.

3.4 Synthese des Silber-Komplexes Ag(QuinSO$_3$)

Der Silber-Komplex wurde nach einer Vorschrift von *Kamran Akhbari et al.* synthetisiert.[7] Statt des Liganden dieser Vorschrift wurde jedoch QuinSO$_3$H eingesetzt. Zudem wurde Silberacetat statt Silbernitrat verwendet. Der Ligand wurde im Dunkeln in Acetonitril gelöst und unter basischen Bedingungen erhitzt (Schema 5). Nach Zugabe von Silberacetat fiel ein grauer Feststoff aus. Dieser wurde im Dunkeln abfiltriert und anschließend in Pyridin gelöst. Nach Abdampfen des Lösungsmittel sollten Kristalle entstehen. Aus zeitlichen Gründen wurde die Lösung erhitzt um das Pyridin zu entfernen, allerdings ist dabei das Produkt zersetzt worden, sodass auf eine neue Synthese zurückgegriffen werden musste. Es konnte zu dieser Synthese somit keine Analytik durchgeführt werden.

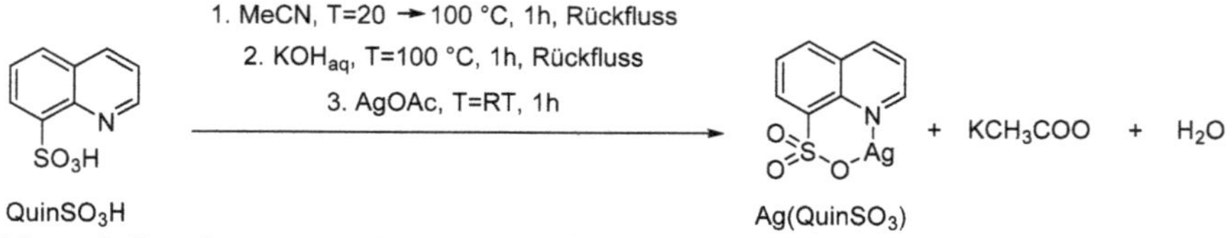

Schema 5: Erste Synthese des Silber-Komplexes aus Silberacetat.

Eine andere Möglichkeit den Silber-Komplex herzustellen, war, Silbercarbonat mit dem Liganden in Schwefelsäure zu erwärmen (Schema 6).

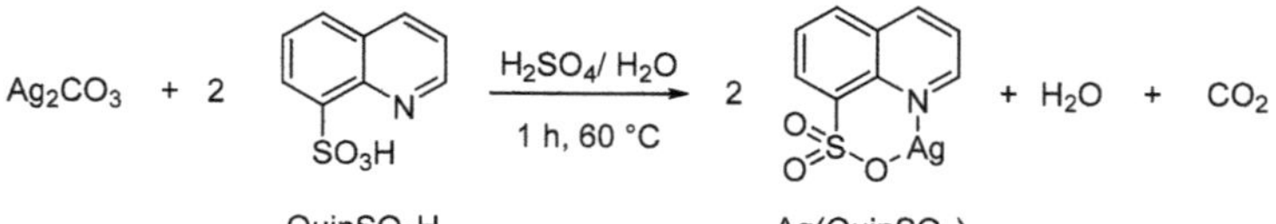

Schema 6: Zweite Synthese des Silber-Komplexes aus Silbercarbonat.

Die Reaktion wurde wieder im Dunkeln durchgeführt. Eine Temperatur von 60 °C wurde zum Lösen der Edukte gewählt. Zu starke Erwärmung hätte unter Umständen Zersetzung der Edukte zur Folge. Nach Reaktionsende wurde die Lösung abfiltriert und nach Abdampfen des Lösungsmittels entstanden farblose Kristalle (Abbildung 2).

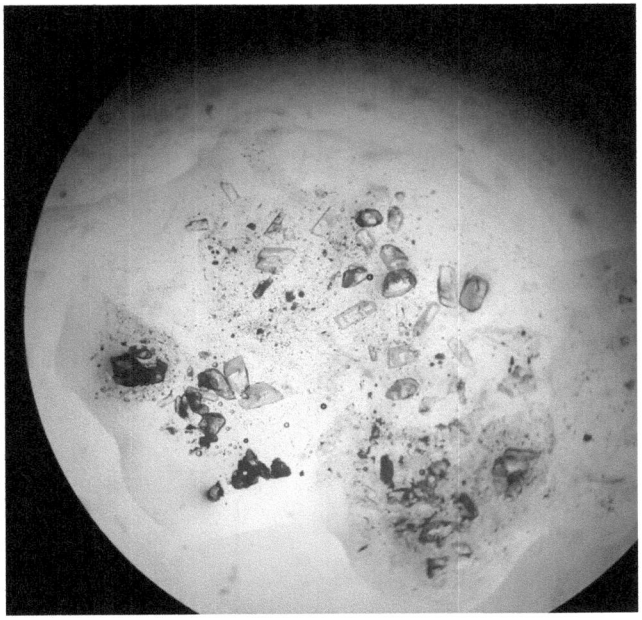

Abbildung 2: Mikroskopische Aufnahme von Kristallen des Silber-Komplexes.

Aus zeitlichen Gründen konnte keine Ausbeute bestimmt und keine Einkristallmessung durchgeführt werden. Das Produkt wurde mit ^{1}H-NMR-Spektroskopie untersucht.

3.5 Spektroskopische Untersuchungen

3.5.1 Charakterisierung des Liganden QuinSO₃H

Der Ligand wurde durch ein ^{1}H-NMR-Spektrum identifiziert. Abbildung 3 zeigt die vollständige NMR-spektroskopische Charakterisierung mit den chemischen Verschiebungen in ppm in D_2O.

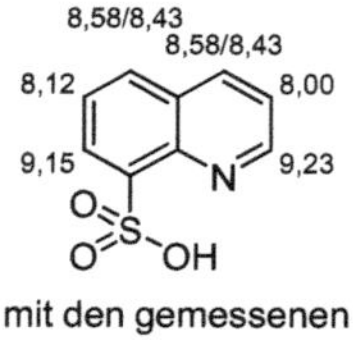

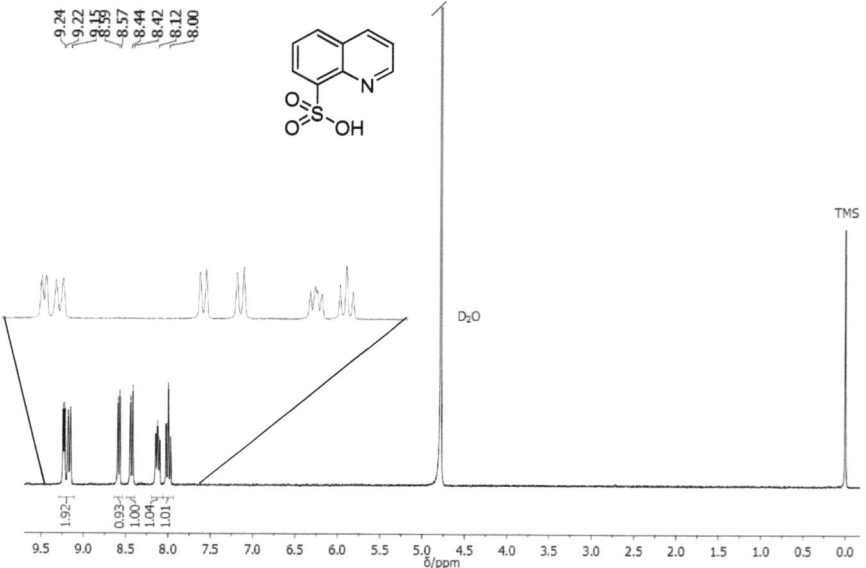

Abbildung 3: Struktur des QuinSO₃H mit den gemessenen chemischen Verschiebungen in ppm im ^{1}H-NMR-Spektrum in D_2O.

Das gemessene ^{1}H-NMR-Spektrum (Abbildung 4) vom Liganden zeigt außenstehende Signale bei 9,23 ppm bzw. 9,15 ppm, die den Protonen zuzuordnen sind, die sich in der Nähe der elektronennegativeren Atome (Stickstoff bzw. Schwefel) befinden.

Abbildung 4: ^{1}H-NMR-Spektrum (300 MHz) von Chinolin-8-sulfonsäure in D_2O.

Die beiden Signale spalten sich in Dubletts auf. Somit handelt es sich um eine $^3J_{H,H}$-Kopplung mit einer errechneten Kopplungskonstante von jeweils 5,1 Hz. Die nächsten beiden Dubletts bei einem Signal von 8,58 ppm sowie bei 8,43 ppm können den Protonen in para-Position gegenüber der Heteroatome zugeordnet werden, allerdings konnte keine sichere Aussage darüber getroffen werden, welches Signal genau zu welchem Proton gehört. Zudem besitzt die errechnete Kopplungskonstante bei 8,58 ppm einen Wert von 7,4 Hz. Die errechnete Kopplungskonstante bei 8,43 ppm liegt bei 8,2 Hz. Auch hier handelt es sich wieder jeweils um eine $^3J_{H,H}$-Kopplung. Die Protonen in meta-Positionen sollten der Struktur entsprechend Tripletts aufweisen, was sich im Spektrum widerspiegelt. Bei einem Signal von 8,12 ppm handelt es sich um das meta-Proton am Ring der Sulfonsäuregruppe. Die errechnete Kopplungs-konstante hat einen Wert von 7,4 Hz. Das meta-Proton am Ring des N-Atoms liegt bei 8,00 ppm mit einer errechneten Kopplungskonstante von 7,9 Hz. Das Proton der Sulfonsäuregruppe ist im Spektrum nicht zu erkennen, da dieses mit keinem anderen Proton koppelt. Es kann sogar sein, dass die Gruppe durch das Lösungsmittel D_2O deprotoniert wird und mit dieser wechselwirkt. Sonst sind keine weiteren Resonanzen zu erkennen außer die des Lösungsmittels selbst.

Die Zuordnungen des Liganden erfolgten durch 1-D-Spektren und Prediction mit *MestReNova 6.0.*

3.5.2 Charakterisierung des Palladium-Komplexes Pd(QuinSO₃)Cl

Vom gelösten Palladium-Komplex Pd(QuinSO₃)Cl wurde ein ^{1}H-NMR-Spektrum aufgenommen (Abbildung 5). Es ist zu erkennen, dass der Ligand vollständig umgesetzt wurde. Dies wird deutlich durch die Verschiebungen der Signale im Vergleich zum Spektrum des Liganden QuinSO₃H (Abbildung 4), da sie nun tieffeldverschoben sind. Das außenstehende Signal bei 9,02 ppm kann dem ortho stehenden Proton zugeordnet werden gegenüber dem Stickstoff. Das Signal bei 8,41 ppm kann dem Proton in ortho-Position zugeordnet werden gegenüber der Sulfonsäuregruppe. Die nächsten beiden Dubletts bei einem Signal von 8,24 ppm sowie bei 8,02 ppm können den Protonen in para-Position gegenüber der

Heteroatome zugeordnet werden, allerdings konnte keine sichere Aussage darüber getroffen werden, welches Signal genau zu welchem Proton gehört. Zudem besitzt die errechnete Kopplungskonstante bei 8,24 ppm einen Wert von 7,6 Hz. Die errechnete Kopplungskonstante bei 8,02 ppm liegt bei 8,1 Hz. Es handelt sich jeweils um eine $^3J_{H,H}$-Kopplung. Das Signal bei 7,59 ppm weist ein Dublett auf, welches zu den beiden meta-Protonen zugeordnet werden kann. Die errechnete Kopplungskonstante liegt bei 7,4 Hz.

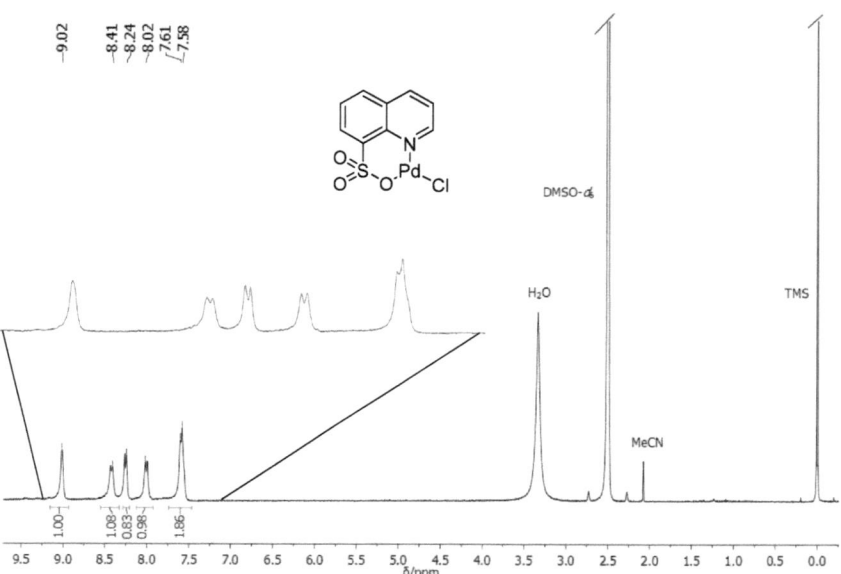

Abbildung 5: ^{1}H-NMR-Spektrum (300 MHz) von [Pd(QuinSO$_3$)Cl] in DMSO-d_6.

Zudem ist zu erkennen, dass das Produkt nicht vollständig trocken war, sodass Signale zu Wasser zu sehen sind. Signale zum Lösungsmittel Acetonitril sind ebenfalls zu sehen. Es ist davon auszugehen, dass der Ligand QuinSO$_3$H zum Komplex umgesetzt wurde. Aus zeitlichen Gründen wurden keine weiteren spektroskopischen Untersuchungen dieser Verbindung aufgenommen. Einkristallmessungen dieser Verbindungen liefern Informationen über die Kristallstruktur. Die Zuordnungen des Liganden erfolgten durch 1-D-Spektren und Prediction mit *MestReNova 6.0.*

3.5.3 Charakterisierung des Silber-Komplexes Ag(QuinSO₃)

Vom Silber-Komplex wurde ein ¹H-NMR-Spektrum aufgenommen (Abbildung 6). Es ist zu erkennen, dass der Ligand vollständig umgesetzt wurde. Dies wird deutlich durch die Verschiebungen der Signale im Vergleich zum Spektrum des Liganden QuinSO₃H (Abbildung 4), da sie nun hochfeldverschoben sind. Es liegen keine Signale mehr vor, die im Spektrum des reinen Liganden zu finden sind. Das außenstehende Signal bei 9,28 ppm kann den ortho stehenden Protonen zugeordnet werden gegenüber der Heteroatome. Die nächsten beiden Dubletts bei einem Signal von 8,61 ppm sowie bei 8,47 ppm können den Protonen in para-Position gegenüber der Heteroatome zugeordnet werden, allerdings konnte keine sichere Aussage darüber getroffen werden, welches Signal genau zu welchem Proton gehört. Zudem besitzt die errechnete Kopplungskonstante bei 8,61 ppm einen Wert von 7,5 Hz. Die errechnete Kopplungskonstante bei 8,47 ppm liegt bei 8,1 Hz. Es handelt sich hier jeweils um eine ³J$_{H,H}$-Kopplung.

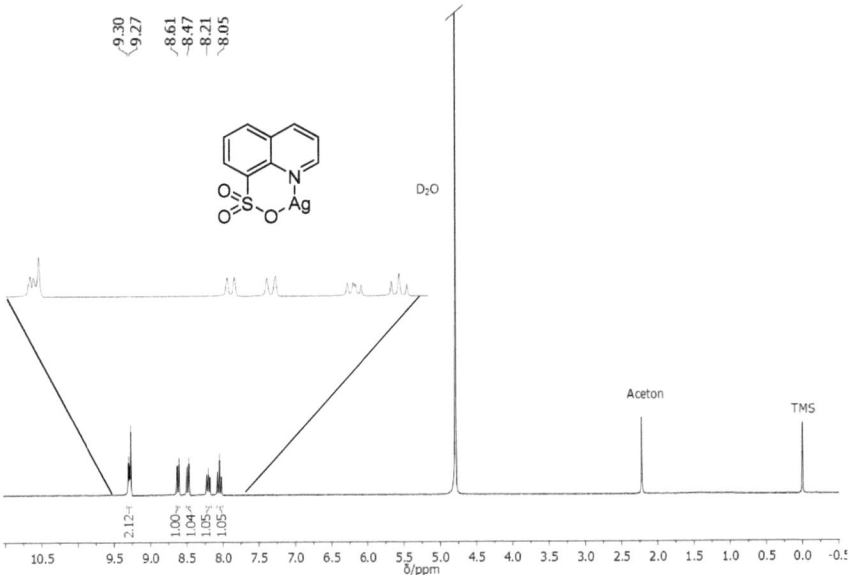

Abbildung 6: ¹H-NMR-Spektrum (300 MHz) von [Ag(QuinSO₃)] in D₂O.

Die nächsten beiden Signale bei 8,21 ppm bzw. bei 8,05 ppm können den Protonen in meta-Positionen gegenüber der Heteroatome zugeordnet werden. Zudem ist zu erkennen, dass das Produkt nicht vollständig rein war, denn es sind Signale zu erkennen, die Aceton zuzuordnen sind. Es ist davon auszugehen, dass der Ligand QuinSO$_3$H zum Komplex umgesetzt wurde. Aus zeitlichen Gründen wurden keine weiteren spektroskopischen Untersuchungen dieser Verbindung aufgenommen. Einkristallmessungen dieser Verbindungen liefern Informationen über die Kristallstruktur. Die Zuordnungen des Liganden erfolgten durch 1-D-Spektren und Prediction mit *MestReNova 6.0*.

3.6 Kristallstrukturanalyse vom Kristall des gelösten Palladium-Komplexes Pd(QuinSO$_3$)Cl

Einzelne klare orange-gelbe blockförmige Kristalle entstanden durch langsames Verdampfen aus der Lösung des Palladium-Komplexes Pd(QuinSO$_3$)Cl in Dimethylsulfoxid. Ein geeigneter Kristall (ca. 0,20 × 0,10 × 0,05) mm^3 wurde ausgewählt und auf einer Glasfaser in inertem Öl (paratone-N) angebracht. Die Röntgenbeugungsdaten wurden unter Verwendung eines STOE-Diffraktometers gesammelt, das bei etwa T = 273 K arbeitete. Unter Verwendung von Olex2 *(Dolomanov et al., 2009[8])* wurde die Struktur mit dem Strukturlösungsprogramm XS *(Sheldrick, 2008[9])* gelöst. Unter Minimierung der kleinsten Quadrate wurde die Struktur des gemessenen Komplexes mit Hilfe der XL Version verfeinert. In Tabelle 1 sind die Kristalldaten, Datensammlung, die strukturelle Lösung und Verfeinerungsparameter zusammengefasst. Zur Bestimmung der Struktur der Verbindung eignete es sich, die Verbindung durch Röntgenbeugung zu analysieren (Abbildung 7). (Ergänzende Daten sind im Anhang zu finden.) Die Daten wurden unter Verwendung von MoK$_\alpha$-Strahlung gemessen. Eine Integrationsabsorptionskorrektur wurde unter Verwendung von XShape 32 durchgeführt. Der Absorptionskoeffizient μ dieses Materials beträgt 2,643 mm^{-1} bei einer Wellenlänge von λ = 0,71073 Å. Die minimale bzw. die maximale Transmission beträgt 0,9983 bzw. 0,9985. Die Struktur wurde in der Raumgruppe P2$_1$/n durch direkte Methoden unter Verwendung des

Strukturlösungsprogramms XS *(Sheldrick, 2008)* gelöst und durch kleinste Fehlerquadrate mit der Version XL *(Sheldrick, 2008)* verfeinert. Bis auf Wasserstoff wurden alle Atome der Verbindung anisotrop verfeinert.

Tabelle 1: Kristalldaten und Strukturverfeinerung für die gemessene Verbindung.

Eigenschaften	
Formel	$C_4H_{12}Cl_2O_2PdS_2$
Dichte/g cm^{-3}	2,122
μ/mm^{-1}	2,643
Molare Masse	333,56
Farbe	klar orange-gelb
Form	Block
Größe/mm^3	0,20x0,10x0,05
T/K	273
Kristallsystem	Monoklin
Raumgruppe	$P2_1/n$
a/Å	6,3221(13)
b/Å	9,3192(19)
c/Å	9,4075(19)
α/°	90,00
β/°	109,63(3)
γ/°	90,00
V/$Å^3$	522,04(18)
Z	2
Z'	0,5
Wellenlänge/Å	0,71073
Strahlungsquelle	MoK_α
Θ_{min}/°	3,17
Θ_{max}/°	26,97
Gemessene Reflexe	6200
Unabhängige Reflexe	1098
Verwendete Reflektoren	903
R_{int}	0,1246
Parameters	54
Einschränkungen	0
Größtes Signal	1,154
Tiefstes Loch	-1,512
GooF	0,989
wR_2 (all data)	0,0775
wR_2	0,0741
R_1 (all data)	0,0395
R_1	0,0310

Die Positionen der Wasserstoffatome wurden geometrisch berechnet und mit dem Reitmodell verfeinert. Der Wert von Z' ist 0,5. Dies bedeutet, dass nur die Hälfte der Summenformel in der asymmetrischen Einheit vorhanden ist, während die andere Hälfte aus symmetrieäquivalenten Atomen besteht (Abbildung 7).

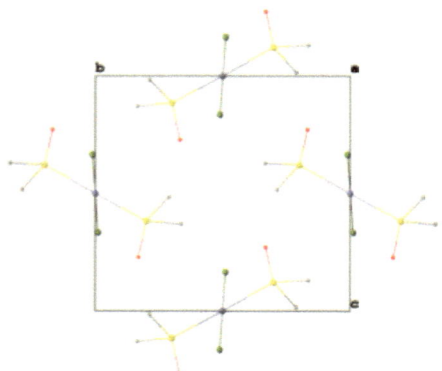

Abbildung 7: Packungsmodell der untersuchten Verbindung $C_4H_{12}Cl_2O_2PdS_2$.

In der untersuchten Verbindung (Abbildung 7 und Abbildung 8) wird Palladium von zwei DMSO-Molekülen und zwei Chloridligandenatomen koordiniert. Es ist keine Bindung an den QuinSO$_3$H-Liganden zu sehen.

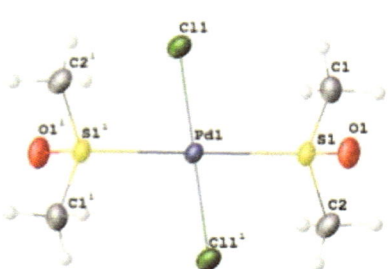

Abbildung 8: ORTEP (*Oak Ridge Thermal Ellipsoid Plot*)-Ansicht der untersuchten Verbindung $C_4H_{12}Cl_2O_2PdS_2$.

Allerdings wurde DMSO nicht zur Reaktion hinzugefügt, sondern lediglich nur zum Lösen verwendet. Da das ^{1}H-NMR-Spektrum den Erhalt des gewünschten Palladium-Komplexes Pd(QuinSO$_3$)Cl bestätigt, ist zu vermuten, dass während der Kristallisation eine Umsetzung des Palladium-Komplexes Pd(QuinSO$_3$)Cl zur Hälfte zu PdCl$_2$ und zur anderen Hälfte zu Pd(QuinSO$_3$)$_2$ erfolgte. Aufgrund der Stöchiometrie und Geometrie des Palladiums(II) wandelte sich PdCl$_2$ zu Pd(DMSO)$_2$Cl$_2$ um, welcher zufällig als Kristall ausgewählt wurde. Somit ist zu vermuten, dass auch Kristalle des gewünschten Palladium-Komplexes Pd(QuinSO$_3$)Cl entstanden, diese allerdings nicht zur Einkristallmessung verwendet wurden.

4 Zusammenfassung und Ausblick

Für die Entwicklung von Komplexen mit QuinSO$_3$H als Liganden konnten zwei neue Verbindungen (Pd(QuinSO$_3$)Cl und Ag(QuinSO$_3$)) synthetisiert und charakterisiert werden. Die beiden Komplexe konnten erfolgreich gelöst werden und bildeten Kristalle. Es wurden Versuche durchgeführt Pt(QuinSO$_3$)$_2$ zu synthetisieren, allerdings ist das Produkt zersetzt worden aufgrund zu hoher Temperatur. Im Rahmen der gegebenen Zeit konnte der Versuch nicht wiederholt werden.

Weder ist QuinSO$_3$H als Ligand in Komplexen, noch die Komplexe, die synthetisiert wurden literaturbekannt. Der Ligand wurde jeweils mit Pd(II), Pt(II) und Ag(I) umgesetzt. Die Koordination der Liganden erfolgte stöchiometrisch an das Metall.

Der Komplex Pd(QuinSO$_3$)Cl wurde durch Umsetzung des Liganden QuinSO$_3$H mit PdCl$_2$ synthetisiert. Es ist davon auszugehen, dass die Koordinationssphäre von Palladium durch die Koordination mit dem N-Atom der Pyridin-Einheit und einem Chlorid-Liganden abgesättigt wird. Der Komplex Ag(QuinSO$_3$) wurde durch Umsetzung des Liganden QuinSO$_3$H mit AgCO$_3$ synthetisiert. Die Ergebnisse der NMR-Spektroskopie der beiden Verbindungen deuten auf eine Koordination des Metalls am N-Atom des Pyridin-Rings und am O-Atom der Sulfonsäuregruppe hin. Ebenfalls weisen die Spektren eine Verschiebung der Signale des Liganden QuinSO$_3$H auf. Für die Einkristallmessung von Pd(QuinSO$_3$)Cl wurde ein falscher Kristall gewählt. Von Ag(QuinSO$_3$) wurde aus zeitlichen Gründen keine Einkristallmessung gemacht. Es wurde ein mikroskopisches Bild der farblosen Kristalle des Silber-Komplexes aufgenommen. Aus Zeitgründen konnten die synthetisierten Verbindungen nicht weiter charakterisiert werden.

Das Lösen der Komplexe in Lösungsmittel spielt für die Kristallbildung eine wichtige Rolle. Die Herausforderung bestand darin, geeignete Lösungsmittel für die synthetisierten Verbindungen zu finden. Es wurden dazu mehrere Versuche durchgeführt. Die aus den Lösungen gebildeten Kristalle wurden für die Einkristallmessung verwendet und so konnte die Kristallstruktur gelöst werden. Über Massenspektrometrie ließe sich eventuell die Molmasse der Komplexe ermitteln. Ebenfalls könnte eine Elementaranalyse wichtige Informationen liefern.

5 Experimentalteil

5.1 Allgemeine Arbeitsweise

Für die Reaktionen wurden Reagenzien und Lösungsmittel ohne Vorbehandlung verwendet. Chemikalien, die kommerziell erworben worden sind, sind in Tabelle 2 mit Angabe des Herstellers aufgelistet. Die Salze der Edelmetalle Platin und Palladium, $Na_2[PtCl_4]$ und $PdCl_2$ wurden aus den Elementen und durch die Aufarbeitung von Chemikalienresten erhalten. Der Ligand QuinSO_3H lag als Laborpräparat aus.

Tabelle 2: Kommerziell erworbene und verwendete Chemikalien.

Abkürzung	Substanz	Hersteller
Ac	Aceton	Fischer
MeCN	Acetonitril	Fischer
DMSO	Dimethylsulfoxid	Fischer
K_2CO_3	Kaliumcarbonat	Fischer
KOH	Kaliumhydroxid	Fischer
MeOH	Methanol	Fischer
$AgCH_3COO$	Silberacetat	Prosynth

NMR-Spektroskopie

Die NMR-Spektren wurden an einem *Bruker Avance II 300 MHz* Spektrometer bei Raumtemperatur aufgenommen (^1H Resonanzfrequenz von 300,13 MHz). Chemische Verschiebungen δ wurden relativ zu Tetramethylsilan (TMS) angegeben. Die Auswertung und Darstellung erfolgte mit *MestReNova 6.0*.

Kristallstrukturanalyse

Kristallstrukturdaten wurden an einem *STOE* Diffraktometer bei 273 K aufgenommen. Die Auswertung und Darstellung erfolgte mit *Olex^2*[8].

5.2 Synthese der Komplexe

5.2.1 Vorschrift zur Synthese des Palladium-Komplexes Pd(QuinSO₃)Cl[4]

PdCl₂ (0,15 g, 0,83 mmol, 1,0 Äq.) wurden in 30 ml Acetonitril für 1 h bei 100 °C unter Rückfluss gelöst. Zu der Lösung wurden QuinSO₃H (0,17 g, 0,83 mmol, 1,0 Äq.) gegeben und weiter unter Rückfluss erhitzt. Da sich der Ligand kaum löste, wurde Kaliumcarbonat (0,057 g, 0,415 mmol, 0,5 Äq.) zugegeben. Nach Abkühlen der Lösung wurde diese zentrifugiert und das Lösungsmittel wurde abdekantiert. Der Rückstand wurde mit Ethanol gewaschen und im Vakuum getrocknet. Das Produkt wurde als orange-gelber Feststoff erhalten.

Chinolin-8-sulfonsäure-palladium(II)-chlorid

Farbe: orange-gelb.

Ausbeute: 0,18 g (0,51 mmol, 61 %).

M $C_9H_6ClNO_3PdS$ (350,08 g/mol).

¹H-NMR: (300 MHz, DMSO-d_6) δ / ppm: 9,02 (s, 1H), 8,41 (d, $J = 7,8$ Hz, 1H), 8,24 (d, $J = 6,5$ Hz, 1H), 8,02 (d, $J = 7,4$ Hz, 1H), 7,59 (d, $J = 7,1$ Hz, 2H).

5.2.2 Vorschrift zur Synthese der Platin-Vorstufe Pt(DMSO)$_2$Cl$_2$[5]

$$\text{Na}_2\text{PtCl}_4 \ + \ 2\,\text{DMSO} \ \xrightarrow[\text{4 h, RT}]{\text{H}_2\text{O}} \ \text{Pt(DMSO)}_2\text{Cl}_2 \ + \ 2\,\text{NaCl}$$

Es wurden Na$_2$PtCl$_4$ (0,28 g, 0,74 mmol, 1,0 Äq.) und DMSO (16 ml, 2,22 mmol, 3,0 Äq.) in 5 ml Wasser aufgenommen. Das Gemisch wurde für 4 Stunden bei Raumtemperatur gerührt. Der Niederschlag wurde abfiltriert und mit Wasser und Ethanol gewaschen. Nach Trocknen unter Vakuum wurde ein hellgrauer Feststoff erhalten. Es wurde keine Analytik durchgeführt.

Dichlorobis(dimethylsulfoxid)platin(II)

Farbe: hellgrau.

Ausbeute: 0,12 g (0,28 mmol, 38%).

M   C$_4$H$_{12}$Cl$_2$O$_2$PtS$_2$ (422,25 g/mol).

5.2.3 Vorschrift zur Synthese des Platin-Komplexes Pt(QuinSO$_3$)$_2$[6]

Es wurden Pt(DMSO)$_2$Cl$_2$ (0,06 g, 0,14 mmol, 1,0 Äq.) und QuinSO$_3$H (0,059 g, 0,28 mmol, 2,0 Äq.) in 50 ml einer Mischung aus Methanol/MeCN/Aceton (6:1:1) gelöst und unter Rückfluss über Nacht erhitzt. Der Rückstand zersetzte sich und somit konnte keine Analytik durchgeführt werden.

Platin(II)-Chinolin-8-sulfat

M   C$_{18}$H$_{12}$N$_2$O$_6$PtS$_2$ (611,51 g/mol).

5.2.4 Vorschrift zur Synthese des Silber-Komplexes[7]

1.)

1. MeCN, T=20 → 100 °C, 1h, Rückfluss
2. KOH$_{aq}$, T=100 °C, 1h, Rückfluss
3. AgOAc, T=RT, 1h

$+ \; KCH_3COO \; + \; H_2O$

In einer abgedunkelten Apparatur wurden Acetonitril (20 ml) und QuinSO₃H (0,29 g, 2,0 mmol, 1,0 Äq.) auf 100 °C erhitzt. Anschließend wurden KOH (0,104 g, 2,0 mmol, 1,0 Äq.), gelöst in 5 ml Wasser, hinzugefügt und für eine Stunde weiter erhitzt. Nach Abkühlen auf Raumtemperatur wurden Silberacetat (0,338 g, 2,0 mmol, 1,0 Äq.), gelöst in 5 ml MeCN, zum Gemisch gegeben und für eine weitere Stunde gerührt. Anschließend fiel ein grauer Feststoff aus, der im Dunkeln abfiltriert und vollständig in Pyridin gelöst wurde. Die Lösung wurde stehengelassen, um eine langsame Kristallisation zu ermöglichen. Aus zeitlichen Gründen wurde die Lösung erhitzt um das Pyridin zu entfernen, allerdings ist dabei der Rückstand zersetzt worden, sodass auf eine neue Synthese zurückgegriffen werden musste. Es konnte zu dieser Synthese somit keine Analytik durchgeführt werden.

2.)

Ag_2CO_3 + 2 ... $\xrightarrow[\text{1 h, 60 °C}]{H_2SO_4/\ H_2O}$ 2 ... $+ \; H_2O \; + \; CO_2$

Unter Lichtausschluss wurden Silbercarbonat (0,059 g, 0,215 mmol, 0,5 Äq.) in etwa 15 ml Schwefelsäure gelöst. Anschließend wurden QuinSO₃H (0,09 g, 0,43 mmol, 1,0 Äq.) zugegeben und für eine Stunde auf 60 °C erwärmt. Die Lösung wurde filtriert und in einen Kolben überführt, um vollständig zu verdampfen. Es bildeten sich farblose Kristalle. Im Rahmen der gegebenen Zeit konnte keine Analytik durchgeführt werden.

Silber(I)-Chinolin-8-sulfat

Farbe: farblos.

M $C_9H_6AgNO_3S$ (316,08 g/mol).

¹H-NMR: (300 MHz, D₂O) δ / ppm: 9,30-9,27 (m, 2H), 8,61 (d, J = 7,4 Hz, 1H), 8,47 (d, J = 8,4 Hz, 1H), 8,21 (dd, J = 8,1 Hz, 1H), 8,05 (t, J = 7,9 Hz, 1H).

6 Literaturverzeichnis

[1] A. Holleman, E. Wiberg, *Lehrbuch der Anorganischen Chemie* , Walter de Gruyter, Berlin, **2007**.

[2] E. Riedel, C. Janiak, *Anorganische Chemie*, 7 ed., Walter de Gruyter, Berlin, **2007**.

[3] G. E. McCasland, *The preparation of 8-Quinolinesulfonic acid* **1946**, 277-280.

[4] K. J. Akerman, C. Venter, L. A. Hunter, M. P. Akerman, *Journal of Molecular Structure* **2015**, *1091*, 74–80.

[5] N. K. Allampally, C. Daniliuc, C. A. Strassert, L. De Cola, *Inorganic Chemistry* **2015**, *54*, 1588-1596.

[6] Q.-P. Qin, Z.-F. Chen, J.-L. Qin, X.-J. He, Y.-L. Li, Y.-C. Liu, K.-B. Huang, H. Liang, *European Journal of Medicinal Chemistry* **2015**, *92*, 302-313.

[7] K. Akhbari, A. Morsali, *Inorganic Chemistry* **2013**, *52*, 2787-2789.

[8] O.V. Dolomanov, L.J. Bourhis, R.J. Gildea, J.A.K. Howard, H. Puschmann, *Olex2: A complete structure solution, refinement and analysis program, J. Appl. Cryst.* **2009**, *42*, 339-341.

[9] G.M. Sheldrick, *A short history of ShelX, Acta Cryst.* **2008**, *A64*, 339-341.

7 Anhang

7.1 Kristallstrukturdaten

Tabelle 3: Bruchatomare Koordinaten (×10⁴) und äquivalente isotrope Verschiebungsparameter ($Å^2 \times 10^3$) vom Palladium-Komplex. U_{eq} ist definiert als 1/3 der Betrages zum orthogonalen U_{ij}.

Atom	x	y	z	U_{eq}
Pd1	0	0	5000	16,07(15)
S1	1864,8(14)	-1994,3(8)	6188,3(9)	18,4(2)
Cl1	1993,3(17)	111,1(9)	3345,6(10)	25,4(2)
O1	3365(4)	-1685(3)	7718(3)	27,6(6)
C2	-21(6)	-3353(3)	-3353(3)	24,2(7)
C1	3408(6)	-2879(4)	5159(4)	25,2(8)

Tabelle 4: Anisotrope Verschiebungsparameter (×10⁴) vom Palladium-Komplex. Der Exponent des anisotropen Verschiebungsfaktors hat die Form: $-2\pi^2[h^2a^{*2} \times U_{11} + ... + 2hka^* \times b^* \times U_{12}]$.

Atom	U_{11}	U_{22}	U_{33}	U_{23}	U_{13}	U_{12}
Pd1	20,8(2)	12,57(19)	15,1(2)	0,82(12)	6,41(15)	0,04(12)
S1	23,9(4)	13,6(4)	15,5(4)	0,8(3)	3,8(3)	0,3(3)
Cl1	34,4(5)	21,6(4)	25,8(5)	2,4(3)	17,4(4)	1,9(3)
O1	33,0(14)	24,5(13)	17,5(12)	-1,1(9)	-1,7(10)	0,2(11)
C2	34,5(19)	15,5(15)	24,0(17)	0,2(13)	11,7(15)	-2,6(14)
C1	28,0(18)	21,6(16)	23,7(18)	0,6(14)	5,7(15)	3,6(15)

Tabelle 5: Bindungslängen in Å für den Palladium-Komplex.

Atom	Atom	Länge / Å		Atom	Atom	Länge / Å
Pd1	S1	2,2821(9)		S1	O1	1,462(3)
Pd1	S1¹	2,2821(9)		S1	C2	1,766(4)
Pd1	Cl1	2,3107(11)		S1	C1	1,790(4)
Pd1	Cl1¹	2,3107(11)		¹-x, -y, 1-z		

Tabelle 6: Bindungswinkel in Å für den Palladium-Komplex.

Atom	Atom	Atom	Winkel / Å		Atom	Atom	Atom	Winkel / Å
Pd1	S1	S1¹	180,0		S1	O1	C2	108,12(17)
Pd1	S1¹	Cl1¹	93,30(3)		S1	O1	C1	109,41(17)
Pd1	S1	Cl1¹	86,70(3)		S1	C2	Pd1	111,40(13)
Pd1	S1	Cl1	93,30(3)		S1	C2	C1	101,69(18)
Pd1	S1¹	Cl1	86,70(3)		S1	C1	Pd1	113,31(12)
Pd1	Cl1	Cl1¹	180,0		¹-x, -y, 1-z			
S1	O1	Pd1	112,30(11)					

Tabelle 7: Wasserstofffraktionierte Atomkoordinaten (×10⁴) und äquivalente isotrope Verschiebungs-parameter ($Å^2 \times 10^3$) vom Palladium-Komplex. U_{eq} ist definiert als 1/3 der Betrages zum orthogonalen U_{ij}.

Atom	x	y	z	U_{eq}
H2A	811	-4173	6809	36
H2B	-949	-3623	5298	36
H2C	-949	-3001	6847	36
H1A	4537	-2242	5049	38
H1B	2402	-3146	4179	38
H1C	4112	-3724	5696	38

BEI GRIN MACHT SICH IHR WISSEN BEZAHLT

- Wir veröffentlichen Ihre Hausarbeit,
  Bachelor- und Masterarbeit

- Ihr eigenes eBook und Buch -
  weltweit in allen wichtigen Shops

- Verdienen Sie an jedem Verkauf

**Jetzt bei www.GRIN.com hochladen
und kostenlos publizieren**